蜜蜂授粉科普系列丛书

神奇的
蜜蜂授粉

农业农村部种植业管理司
全国农业技术推广服务中心 　编绘
中国农业出版社

中国农业出版社

编辑委员会

主　　任　　曾衍德　刘天金

副 主 任　　陈友权　魏启文　王本利

主任委员　　宁鸣辉　杨普云　王建强　赵中华　胡金刚

委　　员　（按姓氏拼音排序）

　　　　　　常雪艳　高景林　海占奇　胡　键　黄家兴

　　　　　　姜　欣　刘博浩　陆　浩　马春辉　司雪飞

　　　　　　徐连宝　杨　璞　周　阳　朱景全

主　　编　　赵中华　高景林　黄家兴　徐连宝

既能采蜜又能授粉的小蜜蜂

在乡间野外，人们总能看到蜜蜂的身影，它们飞快地扇动着薄薄的翅翼，在花丛林木中匆匆寻觅着什么。一会儿，它们嗡嗡地悬停在花朵上，一会儿，它们又钻入花蕊中，辛勤地忙碌着。

稍有昆虫常识的人们都知道，蜜蜂与其他昆虫一样，飞来飞去，都是在寻找食物。蜜蜂的食物是花粉和花蜜，正是这一点，使蜜蜂在不经意间为植物的繁衍做了一件"功德无量"的好事——授粉。

对于绝大多数植物而言，没有授粉就没有生命的成长和延续。

大科学家爱因斯坦曾经大胆预言：

当蜜蜂从地球上消失的时候，人类将最多在地球上存活四年。没有蜜蜂，就没有授粉，就没有植物，就没有人类……

世界最权威的科学杂志《自然》在公布蜜蜂基因组序列测序完成的消息时，也曾经指出："如果没有蜜蜂及其授粉行为，整个生态系统将会崩溃。"

在与人类的生存相关的，直接或间接为人类提供食物的 1300 多种植物中，有 1100 多种需要蜜蜂等昆虫授粉。这些植物就包含了我们人类食用的绝大多数蔬菜和水果。如果我们从生物链的角度进一步联想，没有蜜蜂的授粉，人类甚至会没有大量肉食的来源。这一点儿都不危言耸听！

我也饿得跳不动了…

饿得俺老猪眼冒金星！

那么，什么是授粉，植物又为什么需要授粉呢？

花是植物的生殖器官。花粉是有花植物雄蕊上的彩色小粉粒。成熟的花粉从花药传到柱头的过程叫做授粉。花粉粘到雌蕊的顶端，和卵细胞结合，这就是植物受精。受精成功后，植物就能孕育出果实了。

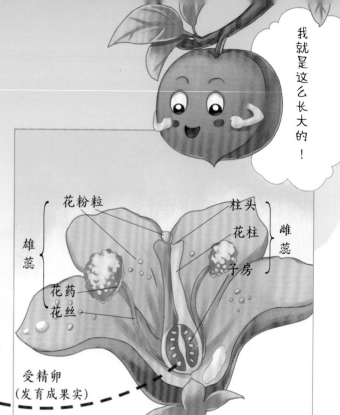

我就是这么长大的！

花粉粒

柱头

花柱

雌蕊

雄蕊

花药
花丝

子房

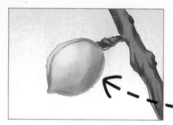

受精卵
（发育成果实）

成熟的果实里藏着能培育新生命的种子。正是这样的循环，大自然里的各种植物才能繁衍生息。

能够授粉的媒介有很多，包括风媒、虫媒、水媒和鸟媒等。85% 左右的开花植物依赖虫媒授粉。

4

蛾类

授粉昆虫显神通

　　花朵们把自己装扮得美美的、香香的，来吸引昆虫为它们授粉。蛾子、蝴蝶、甲虫甚至苍蝇都能为植物授粉，但是蜜蜂的可驯养性和以花粉、花蜜为食的特点，决定了它才是授粉昆虫里的主力军。

　　蜜蜂是全世界人工饲养数量最大的授粉昆虫，是全世界公认的最理想的授粉者！

甲虫类

蝇类

蝶类

蜜蜂有个大家庭

雄蜂

蜂王

工蜂

工蜂

雄蜂

蜂王

工蜂、雄蜂和蜂王的体长对比，通常蜂王体长是工蜂的 1.5 倍

蜜蜂是以家族为单位生活的社会性昆虫，任何个体离开家族都很难存活。整个家族虽然成员的数量特别大，但分工明确，秩序井然。

一个蜂群通常由一只蜂王、几百只雄蜂和几万只工蜂组成。蜂王负责产卵，雄蜂负责与蜂王交配，工蜂负责采集食物和巢内的各种工作。自然界里整个蜜蜂家族的食物全部来自于工蜂采集的花粉、花蜜、水和盐等。

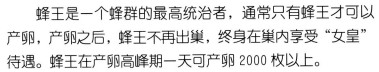

　　蜂王是一个蜂群的最高统治者，通常只有蜂王才可以产卵，产卵之后，蜂王不再出巢，终身在巢内享受"女皇"待遇。蜂王在产卵高峰期一天可产卵 2000 枚以上。

　　雄蜂的重要功能是与处女蜂王交尾，交尾后，雄蜂的生殖器会被带走，雄蜂会结束生命。没有交尾成功的雄蜂去任何一个蜂巢，都会受到欢迎，不过食物紧张时会被赶走。在非交尾季节，蜂群中没有雄蜂存在。

　　工蜂以花粉和花蜜为食，分泌出蜂王浆来供养蜂王和蜜蜂幼虫。蜂王一生只吃蜂王浆。蜜蜂幼虫吃三天蜂王浆。

蜂王浆

王浆

御用王浆

羽化出房

工蜂在蜂群中数量最多，是蜂群的主力。工蜂属于生殖器官发育不完善的雌性蜂，我们在户外最常见到的，在花朵上忙着采蜜的就是工蜂。工蜂承担巢内外的一切工作，从羽化出房开始就辛勤地劳作，而且随着日龄增长，分工也发生变化。

蛹期

幼虫期

卵期

青年蜂

幼年蜂

无花蜜可采时，工蜂不劳作，能活半年左右。采蜜忙碌时节，工蜂寿命不到 50 天。

工蜂和人类一样，它们的一生也可以分为幼年、青年、壮年和老年四个阶段。幼年的工蜂负责"打杂儿"，比如给蜂巢保温、扇风、打扫等杂务；长大一些的青年工蜂要饲喂幼虫和蜂王，处理死蜂、夯实花粉、酿蜜、筑巢等较复杂的工作；到了壮年就可以出巢采集花蜜、花粉和树胶了。老年蜂大多从事搜寻蜜源和采水等工作。真可谓"一生劳碌"啊！

老年蜂

壮年蜂

尼泊尔人冒着生命危险割取喜马拉雅悬崖上的蜂蜜.

蜜蜂的家——蜂巢

树洞里的蜂巢

这么一个大家族当然需要一所"大房子"。

野生的蜜蜂把蜂巢建在树洞、岩石洞里，并用自己分泌出来的蜂蜡一点点地把巢穴修建得规范整齐，然后辛勤地采集食物、培育幼蜂，努力使家族壮大。

19世纪中期，美国牧师郎斯特罗什发现用木条做蜂框可以吸引蜜蜂筑巢，从此开启了近代活框养蜂产业。

人工饲养的蜜蜂生活在木条制作的蜂箱里。人们把"房子"的框架搭建好，才能吸引蜜蜂前来筑巢。

蜂箱的内部构造

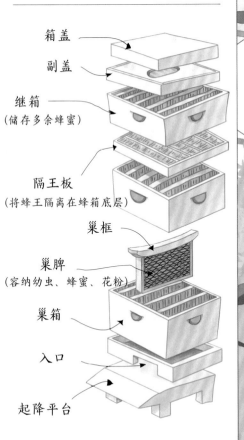

箱盖

副盖

继箱
（储存多余蜂蜜）

隔王板
（将蜂王隔离在蜂箱底层）

巢框

巢脾
（容纳幼虫、蜂蜜、花粉）

巢箱

入口

起降平台

别看这一小盒，够用啦！

授粉专用

还有一种蜂箱是专业用于给温室作物授粉，小巧轻便，方便温室内使用。

蜜蜂的身体

现在，让我们来仔细看看蜜蜂这个神奇的授粉专家吧！
蜜蜂身体长满了绒毛，大部分是类似羽毛一样的分叉实心毛，不仅
可以保护身体和维持体温，还特别有利于黏附花粉粒。

你是谁？你是新来的么？

我是采粉归来的小蜜蜂呀！

蜜蜂的绒毛像小叉子一样插满了花粉粒

蜜蜂落在花朵上，全身会沾满大量的花粉粒，它们
在好几百朵花上飞来飞去，一不小心就都给它们授粉啦。

蜜蜂的口器相当于人类的嘴巴，是有长喙的嚼吸式口器，类似于"吸管"。分为上部口器和下部口器，上部口器用来咀嚼固体食物和衔蜂蜡筑巢，下部口器是用来吮吸花蜜的管状喙。管状喙可以很方便地伸进花朵深处，吸取深花管内的花蜜。这种生理结构显示出蜜蜂与花朵在长久以来逐渐形成的协同进化关系。

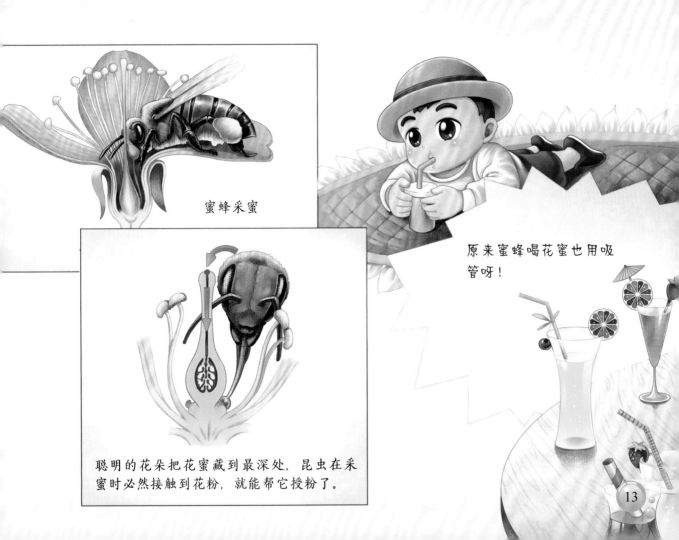

蜜蜂采蜜

原来蜜蜂喝花蜜也用吸管呀！

聪明的花朵把花蜜藏到最深处，昆虫在采蜜时必然接触到花粉，就能帮它授粉了。

13

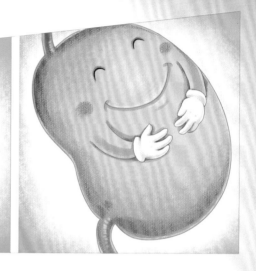

别看我现在瘦瘦的，一会儿就变成大胖子。

工蜂的前肠中长有蜜囊，相当于它的前胃，主要用来储存采集的花蜜。蜜蜂采蜜时用"吸管"一样的管状喙吸取花朵深处的花蜜并存放在蜜囊里，完成一次采集后返回蜂巢，将花蜜吐进巢房中，之后酿成蜂蜜。

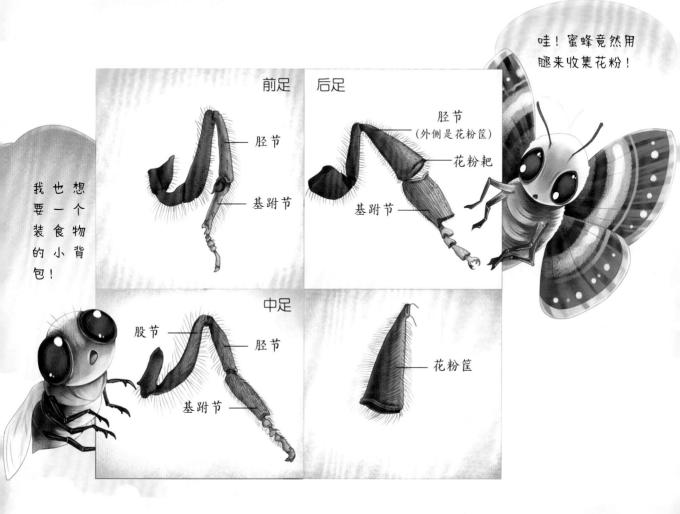

哇！蜜蜂竟然用腿来收集花粉！

前足

后足

胫节

基跗节

胫节
（外侧是花粉筐）

花粉耙

基跗节

中足

股节

胫节

基跗节

花粉筐

想个食物背也一食小的包！我要装的小包！

和其他昆虫一样，蜜蜂也长有三对足，分别是前足、中足和后足。这三对足不仅可以帮助蜜蜂行走，还承担着采集和携带花粉的重要功能。

花粉筐是蜜蜂携带花粉团的重要工具，它的周围生长着弯曲的长毛和硬齿，可以牢固地粘住花粉团，保证蜜蜂在采集和飞行时食物不会掉落。

空空采蜜去

满载回巢来

那么花粉团是怎么形成的呢？

蜜蜂一边采集花粉，一边用前足和中足把粘在头上和身上的花粉粒刮刷到后足上，两个后足把传递过来的花粉粒搓啊搓，搓成小团团挂到外侧的花粉筐上，慢慢地花粉筐上就形成大大的花粉团啦。而且为了保持平衡，后足两侧的花粉团大小相近。

蜂"言"蜂"语"

　　我们知道蜜蜂当然不会像人类那样说话，那它们家庭成员之间是怎么交流沟通的呢？为什么这么多蜜蜂会默契地到同一个地点采集食物呢？

　　原来，在一个蜂群中，并不是所有工蜂都出去寻找食物，这项工作由侦察蜂来负责，侦察蜂一般由蜂群中的老年蜂担任。每天清晨，少数侦察蜂会先飞出蜂巢探路，当它们在野外发现有采集价值的食物时，会飞回蜂巢，将信息传递给其他工蜂。

小伙伴们快跟上，侦察小组行动咯，咱们为大家去寻找食物吧！

侦察蜂如何告诉其他成员食物在哪里呢？

蜜蜂有个独门绝技——蜂舞。侦察蜂找到食物后飞回蜂巢，然后在垂直的巢脾表面上摆动自己的身体跳舞，根据食物距离的远近或是否丰富，蜜蜂的舞姿也会不同哦。

蜜蜂的舞蹈语言和定向性

德国动物行为学家弗里希自1915年开始，与他的学生和同事进行了50多年的试验研究，发现蜜蜂通过舞蹈来传递信息。

1967年，他出版了成名作《蜜蜂的舞蹈语言和定向性》，并因此荣获了1973年的诺贝尔生理学或医学奖。

蜂舞有很多种舞步，其中最典型的是圆舞和摇摆舞。

圆舞的意思是食物不远，就在附近。跳舞的蜜蜂在巢脾上用快速的小碎步绕圈跑步，左转转、右转转。跳舞时间持续几十秒到一分钟，休息一会儿后又会在巢脾的其他地方继续跳。收到信息的工蜂们就会立刻出巢寻找食物。

如果食物的距离比较远，蜜蜂会跳摇摆舞。蜜蜂摇摆着自己的肚子跳8字形的舞步，在8字两个圈交接线上，蜜蜂前进的方向与垂直向上方向所成的角度就是食物方向。

…那个…

侦察蜂的舞蹈越积极、越兴奋，表示食物的质量越好，数量越多。假如食物品质没有那么好或很难采集，侦察蜂就会减少舞蹈，甚至不跳。

太难采集了！

别看一个蜂群里的蜜蜂数量那么多，可并不会出现盲目乱采的情况，因为蜜蜂有一个"秘密武器"—— 信息素。

蜜蜂采集完一朵花后，会留下一种特别的气味，当其他蜜蜂飞来采蜜时，很快就能分辨出它已经被采集过了，不会重复采集。这一秘密武器大大提高了它们的工作效率。

仔细闻一闻，不要错过每一朵呦。

这里都被采过了，我们去那边看看。

授粉界的"战斗机"

在所有饲养的授粉昆虫种类里，蜜蜂的群体最大、数量最多。在蜂群的繁殖高峰期，一个蜂群的个体数量可以达到七八万只，一群采蜜的蜂至少也有 3 万只。这么庞大的授粉军团干起活来战斗力十足！

在外界蜜源丰富或者巢内食物缺乏时，蜜蜂会更积极地出巢采蜜。

一只蜜蜂一次出巢可采 50 ～ 100 朵花，每天平均出巢 6 ～ 8 次，最多的时候可以达到几十次，比绝大多数授粉昆虫都勤劳能干，可谓授粉界里的"战斗机"！

既然是"战斗机"，必须要飞得快才行。一只壮年工蜂飞行的最高时速可达 40 千米，在采集后负重的情况下飞行时速也有 20 多千米。

蜜蜂只要摄入 2 毫克的蜂蜜就可以维持飞行 4 千米。

天气如果突然由晴转雨，蜜蜂会在风雨来临前停止采蜜，匆忙返巢，性情也变得凶暴。无风或微风的天气适宜蜜蜂飞行。

在气温太低或气象条件差时蜜蜂会停止出巢。蜜蜂采集食物的适宜温度是 20℃～30℃。

打雷闪电好可怕！这种天气还是别出门了。

风好大！又不能去采蜜了。

什么时候能看到小蜜蜂呀？

等到春暖花开时，小蜜蜂就会飞出来了。

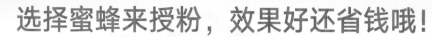

选择蜜蜂来授粉，效果好还省钱哦！

利用蜜蜂授粉的一个很重要原因是蜜蜂可以被驯养，就像家畜、家禽一样。几千年前，人类为了取食蜂蜜开始驯养蜜蜂。经过长期的实践，现在的蜜蜂更加温顺，群体数量也更多，成为人类可以控制的最理想的授粉者。

喷烟器喷出的烟可以镇服蜜蜂，使它们安静下来。

1. 有了小蜜蜂的帮助，植物授粉更加充分，更有利于受精和结果。

2. 蜜蜂会选择最佳时机授粉，提高了授粉成功率，植物会结出更多的果实。

3. 蜜蜂授粉后的作物产量比自然授粉有很大提高。增产率可以达到10％～15％。

4. 蜜蜂授粉的植物果实形状更加周正饱满，而且味道更甜美哦！

5. 果实可以存放更长时间，提高了经济效益！

蔬菜制种和温室栽培以前大多依靠人工授粉来提高种子和果实的产量，但近几年人力成本大幅上涨，人工授粉尤其是为生产蔬菜种子的制种地授粉，难度更大、费工费时。

而用蜜蜂授粉，在提高作物产量和质量的同时，大大降低了成本，优势十分明显。据估算，一群蜜蜂用于制种地授粉，相当于 2000 个授粉劳动力。

蜜蜂很"恋家"，每天工作完成后都会乖乖地回到自己的巢里。如果想要转移蜂群，只需要在前一天晚上蜜蜂回巢后关闭巢门，将蜂箱转运到其他的授粉场地，第二天蜜蜂就会到新的地方授粉啦，这一特点可是其他授粉昆虫都比不了的哦！

关闭巢门

转运蜂箱

授粉蜂里的几员大将

中华蜜蜂简称中蜂，顾名思义，它是中国独有的蜜蜂当家品种。中蜂在中国已经有几千年的饲养历史了。它们身材娇小，黑色的头，黄黑色的身体，身披黄褐色绒毛。中蜂仿佛继承了我们国家的传统美德，工作十分勤劳，出巢早、归巢晚，不光干得多而且吃得少，不愧是先进工作者！

荔枝好吃，原来拜中蜂所赐！

中蜂可以给早春或晚秋开花的树木授粉。如果没有中蜂，这些植物很难繁衍下去。

不过，自从西方蜜蜂引入我国，侵占了中蜂的生存空间，中蜂种群数量便大大减少，有些地区甚至已经灭绝了。

1. 中蜂每天外出工作的时间比意大利蜂多 2 ~ 3 个小时。

3. 中蜂嗅觉灵敏，擅长采集零星蜜源。

4. 中蜂有抵御胡蜂的战斗力，能够与胡蜂共存。

2. 中蜂耐寒冷，在气温 7℃左右能正常采集。

TODAY

7°

别看你个头大，我们可不怕你！

意大利蜜蜂简称意蜂，是从国外引进的一种西方蜜蜂。虽说是外来的，但它们凭借自己的优势，已经成为我国饲养最多的蜜蜂品种了。

意蜂中等身材，和中蜂比起来体型更大，身上的绒毛是淡淡的黄色。意蜂性格温顺，方便管理，喜欢温暖的环境，在温度14℃以上可以工作。蜂王产卵的能力强，可以维持大家族的强势；它们食量比较大，不过体质却不太好，容易感染疾病。

饲养意蜂可以帮我们获得更多蜂产品，怪不得大家都选它。

  意蜂群体数量很大，可以高效率地为大面积蜜源作物授粉。对于花期长的作物比如油菜、瓜类、梨树、枣树、桃树等有明显的增产效果。

  意蜂喜欢既有花粉又有花蜜的作物，可能是因为它们很能吃，所以在意蜂授粉的同时，人们可以收获到更多的花粉和花蜜。

熊蜂是授粉蜂的重要成员，它们种类多，数量大，全世界已知熊蜂约有250种，其中我国就有130多种，可以说中国是最受熊蜂欢迎的国家了。

熊蜂身上有浓厚的绒毛，所以它们既耐寒又耐湿，在8～35℃的环境下都能正常工作。既能适应潮湿的温室大棚也能生活在寒冷的山地，是海拔3000米以上常见的授粉蜂。

套近乎也没有用，我就是要去抢蜂蜜！

我有厚实的毛外套，阴天也不怕！

熊蜂是出了名的"大块头"，它们身材硕大，看起来像熊一样，所以叫熊蜂。

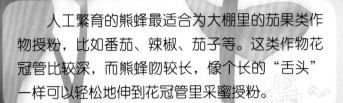

人工繁育的熊蜂最适合为大棚里的茄果类作物授粉，比如番茄、辣椒、茄子等。这类作物花冠管比较深，而熊蜂吻较长，像个长的"舌头"一样可以轻松地伸到花冠管里采蜜授粉。

茄子的花蜜少，花冠深

番茄需要熊蜂声震授粉

一些"害羞"的作物如番茄、茄子等，它们不把花粉暴露在外，只有接收到嗡嗡震动的信号，才能打开心扉，释放花粉。熊蜂就具备这项声震技能，简直是授粉专业里的"特长生"啦！

熊蜂的家是由一个个大小不一的圆球球粘在一起组成的，看起来像小蛋糕，蜂宝宝就从一个个球里孵化出来。熊蜂授粉蜂箱里有蜂王、工蜂，还有未孵化的蜂卵，是一个完整的家庭。

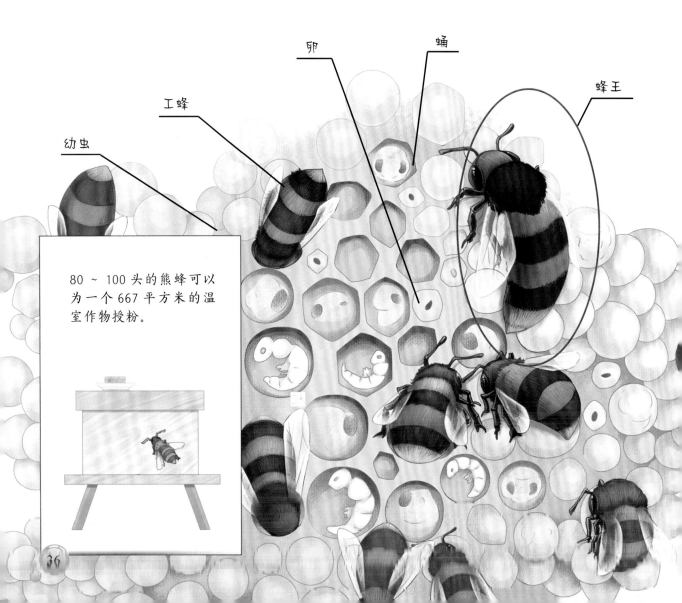

卵

蛹

蜂王

工蜂

幼虫

80 ～ 100 头的熊蜂可以为一个 667 平方米的温室作物授粉。

特立独行的**壁蜂**是蜜蜂家族中的"异类"。它们不喜欢群居，没有蜂王和工蜂之分，只分为雌性蜂和雄性蜂，且独立生活在各自用植物叶子建造的蜂茧中。

雌性壁蜂腹部的黄色短毛叫腹毛刷。这把神奇的刷子在壁蜂采蜜时可以粘到更多花粉粒，使授粉的工作更加轻松。

壁蜂耐低温，在早春就可以活动了，擅长为苹果、梨、桃、樱桃、杏、李等北方果树授粉。

人工养殖的壁蜂生活在细长的巢管里

里面原来是一个个独立的胶囊公寓！

切叶蜂与壁蜂在生活习惯方面很像，也喜欢用叶子建房独居。切叶蜂擅长给豆科牧草授粉，它们用宽大的上颚快速切开苜蓿花朵的龙骨瓣，使花瓣张开，露出花蕊。

无刺蜂也叫蚁蜂，它们体型很小，喜欢温暖的环境。正如它们的名字一样，无刺蜂没有螫针，不会螫人。利用个头小的优势，无刺蜂可以灵活地钻到花朵内部采蜜。

原来还有这么小的蜜蜂呀，身高不足五毫米！

蜜蜂授粉为世界创造财富

在全球现代农业系统中，油料作物、瓜果蔬菜、坚果和牧草等作物主要依赖蜜蜂授粉，蜜蜂授粉的经济价值和生态效益十分明显。在农业发达国家，蜜蜂授粉已经形成一项独具特色的产业，创造了很大的财富。

美国是全球农业最发达的国家之一，蜜蜂授粉早已成为一个商品化和规模化的产业。

美国绝大多数农作物都依赖蜜蜂授粉，蜂农收入的 90% 来自于出租蜜蜂授粉。不同作物租赁蜂群的价格也不一样。近几年，出租蜂群的价格上涨很快。

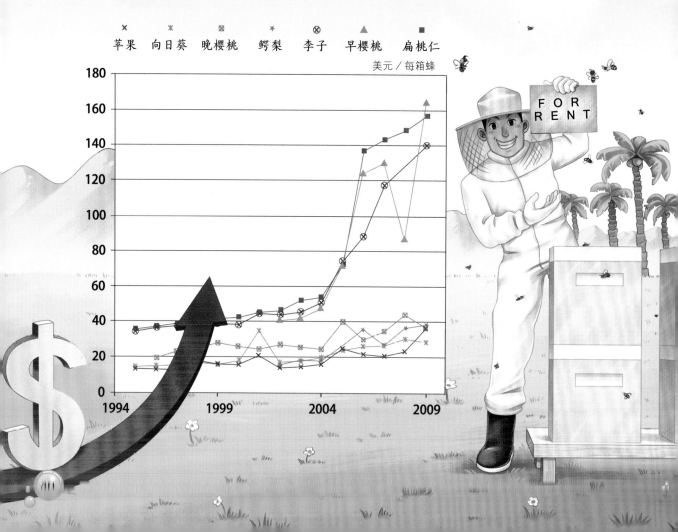

每年从 2 月份开始，美国的授粉蜜蜂就要进行一年一度的"全国拉练"。蜂群从各自的大本营出发，根据不同地区的作物开花时间被快速送去执行授粉任务，保证在作物开花的关键时期能及时接受授粉。授粉工作在 10 月下旬基本结束。

美国每年为作物授粉的蜂群约有 200 多万群，收获的蜂产品也十分丰厚。

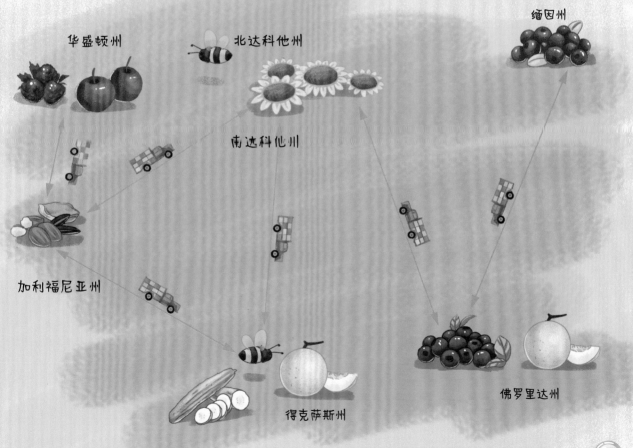

缅因州

华盛顿州　　　　　北达科他州

南达科他州

加利福尼亚州

得克萨斯州

佛罗里达州

在欧洲，蜜蜂已经成为第三大最有价值的家养动物，它所创造的经济价值仅次于牛和猪，约为142亿欧元。有超过150种作物依赖蜜蜂等昆虫授粉，占欧洲作物种类总数的84%。

丹麦

英国

德国

比利时

捷克

第四名

法国

瑞士

奥地利

斯洛伐克

第三名

第二名

匈牙利

第一名

中国是世界第一的养蜂大国，蜂群数量有930万群，但人们养蜂仍是以获得蜂产品如蜂蜜、蜂花粉为主要目的，用于授粉专业的蜂群不到总数的5%。

随着近几年设施农业的快速发展，蜜蜂授粉受到越来越多的重视，人们逐渐认识到了蜜蜂授粉的优势，与此同时，人们对生态农业与绿色农业的需求也在呼唤蜜蜂授粉的产业化和规模化。蜂授粉产业必将迎来发展的春天！

把蜂箱搬进种植园

如果一个种植户想要用蜜蜂授粉，要怎么做呢？

要提前 2 个月和当地的养蜂场或者授粉公司联系，根据种植作物的品种选择合适的授粉蜂品种，预定蜂箱并提前接受专业的指导和培训。

养蜂场为种植户提供"私人订制"

意蜂	中蜂

各种蔬菜、果树、油料作物，擅长利用大宗蜜源	果树、蔬菜、油料、瓜类等作物
熊蜂	**壁蜂**

茄果类蔬菜、瓜类和果树类等设施作物	梨、苹果、桃、樱桃、猕猴桃、杏等各种果树，或萝卜、白菜等

租赁蜂群
种植户与养蜂场签订租赁合同，注明蜂群数量、质量、进场时间、饲喂方法等。

购买蜂群
种植户要挑选性情温顺、采集力强、蜂王健壮、无疾病的蜂群购买。

　　要使蜜蜂能顺利完成授粉任务，种植户也要认真学习相关的技术和知识。从蜜蜂品种和数量的选择、蜂群配置，到蜂箱入场时间，摆放位置，蜂群管理都有章可循。

　　值得注意的是：蜜蜂是一种对化学药品特别敏感的昆虫，虽然杀虫剂、除草剂可以帮助人们快速消灭害虫和杂草，但也会对蜜蜂造成致命性的伤害。所以要尽量采用绿色防控技术。

作物开花期间，要尽量避免使用农药。如果必须使用，要选择对蜜蜂安全的高效低毒农药。

只有严格遵守相关要求才能发挥蜂授粉的最大价值，保证蜜蜂在归还时也能健健康康，避免因蜜蜂死亡造成的损失。

应用蜜蜂授粉前 2 周设施内禁止使用任何杀虫剂。

土壤内禁用缓释杀虫药剂

施药要在傍晚蜜蜂回巢后，将蜂箱搬离，进行施药。1~3天后，再将蜂箱放回原位。

建议用色板诱杀、防虫网隔离等生物手段来防治病虫害。